国家电网公司
电力科技著作出版项目

U0831193

智慧生活 “看”懂智能用电

北京电机工程学会　组编
刘建明　主编

中国电力出版社
CHINA ELECTRIC POWER PRESS

图书在版编目（CIP）数据

智慧生活“看”懂智能用电 / 刘建明主编；北京电机工程学会组编. — 北京：中国电力出版社，2018.12（2023.5 重印）

ISBN 978-7-5198-2700-7

Ⅰ. ①智… Ⅱ. ①刘… ②北… Ⅲ. ①住宅－智能化建筑－电气设备 Ⅳ. ① TU85

中国版本图书馆 CIP 数据核字 (2018) 第 281088 号

出版发行：中国电力出版社
地　　址：北京市东城区北京站西街 19 号（邮政编码 100005）
网　　址：http://www.cepp.sgcc.com.cn
责任编辑：孙世通（010-63412326）
责任校对：黄蓓　太兴华
装帧设计：锋尚设计
责任印制：钱兴根

印　　刷：三河市万龙印装有限公司
版　　次：2018 年 12 月第一版
印　　次：2023 年 5 月北京第二次印刷
开　　本：710 毫米 ×980 毫米　16 开本
印　　张：5
字　　数：80 千字
定　　价：19.80 元

编委会

主　　编　刘建明

副 主 编　肖　兰　邓　春　吴文炤

主　　审　肖　兰

选题策划　肖　兰　刘建明　蔡　序

参编人员（按姓氏笔画排列）

于　胜　马　娜　马明明　王少龙　庄　斌

孙世通　李　琳　李　超　李天杰　李京梅

赵　岩　姚国风　钱　波　唐新忠

前 言

互联网的普及将电子计算机带到我们普通用户的生活和工作当中，移动通信技术的快速发展又使手机成为我们日常生活中不可缺少的一部分，特别是智能手机系统的出现，使过去仅有普通通话功能的手机产生了质的飞跃。手机不再是简简单单满足传统通话和短信功能的移动电话，而是可以集合音乐、视频、微信、购物、照相、摄像、地图、游戏等丰富应用功能的智能终端。

在互联网和移动互联技术的带动下，物联网的概念不断频繁地出现在公众视野中，智能化信息家电产品已经开始步入社会和家庭，安全、方便、高效、快捷、智能化等特点将成为现代社会和家庭的新时尚。利用物联网通信技术将家中各式各样的智能化设备连接在一起，并通过互联网与强大的云服务平台相连接，从而为智慧家庭的各项服务提供技术支撑。人们只需要随身携带一部手机，即使远在地球的另一端，也可以随时掌握家中的所有信息，从而方便快捷地享受到智能、舒适、高效与安全的家居生活。

本书以“电”为主线串联家庭生活的方方面面，讲述了在互联网技术的支持下，如何通过智能用电开启智慧生活。智能用电拉近了居民与电网之间的距离，让更多的人直观地感受到电网技术高速发展带来的便利。借助家庭中越来越多的智能电器或终端，不仅可以为用户展示家庭的用电详情，还能提供各类合理化建议，让我们每一户家庭都能科学、节约、安全、便捷的用电。

本书内容主要来源于编者2011年负责的国家高技术研究发展计划（863计划）项目“智能配用电信息及通信支撑技术研究与开发”［2011AA05A116］的研究成果，以及中国电力发展促进会“智能用电产业联盟”专家委员会有关单位的资料，在此一并感谢！

书中不当之处，恳请广大读者批评指正，以期再版时更正。

编者

2018年10月

目 录

第三章

第一章

智能用电开启智慧生活

智能家居

什么是智能家居

智能家居（Smart Home），作为互联网时代的新产业，正改变着人们传统的生活方式，但作为消费者的我们却对这个概念既熟悉又陌生。这是因为我们正处于智能家居发展的初期。

有没有试想过，当你工作时，可以通过电脑或者手机App实时观察到家中电器的状态，比如说家中的温度和湿度、电饭锅定时焖饭、电暖气定时打开、电热水器定时烧水且水温自控等。这些场景里出现的家用电器就是智能家电，其智能性提升了家居安全性、便利性、舒适性、艺术性，且能实现环保节能。

在高速运行的互联网基础上，数以亿计的智能设备互联互通，通过我们手中的智能手环、智能手机App、云计算平台等，共同建立起庞大的数据流管理模式，实现了万物互联。

智能硬件

通过将硬件和软件结合，对传统设备进行智能化改造就得到智能硬件。现阶段，传统的电器设备，搭配上一个智能插座，就是最简单地将传统电器“智能化”了。通过智能手机的App应用，您可以随时了解哪个电器发生了故障，哪位客人到访，出门时是否忘记关闭门窗电灯，甚至回家前即可打开空调、烧好热水。

改造对象可以是电子设备，如手表、电视和其他电器；也可以是以前没有电子化的设备，如门锁、茶杯、汽车，甚至房子。

智能硬件已经从可穿戴设备延伸到智能电视、智能家居、智能汽车、医疗健康、智能玩具、机器人等领域。

小知识

什么是物联网？

物联网就是物物相联的互联网，其核心和基础仍然是互联网，它是在互联网基础上延伸和扩展的网络。

万物互联

智能家居系统可以根据每个用户的不同需求提供个性化的健康管理方案，如果您非常关注家中的空气质量，服务平台可以实时检测家中的空气质量数据，并自动控制空气净化器；雨季来临家中湿度较大时，服务平台将协调控制除湿机、空调等电器工作，自动完成除湿。

服务平台可以为您制定科学合理的睡眠方案，包括睡眠提醒、睡眠记录以及舒睡温度曲线等，为您提供健康舒适的睡眠环境和进一步改善睡眠质量的指导建议。

智能手机App

随着移动互联网的快速发展和智能手机的普及应用，手机App也迅速发展起来。那么到底什么是手机App？App是application的简称，也就是应用程序。因为移动互联网的迅速崛起，智能移动终端上的硬件和应用程序也随之获得了迅猛的发展。相配套的手机应用也从最初的单一通信功能，转变为社交、娱乐、购物、金融等多元化功能需求，使手机功能不断多样化，为用户提供更丰富的使用体验。在智能手机发达的今天，我们常用的如微信、地图导航、支付宝都是许多人每天必用的App。所以，最常见的答案就是手机上的应用软件就叫作手机App。

云平台

云平台是连接用户与智能硬件的桥梁，也是实现家庭智能控制的核心，它拥有强大的计算能力，可为数以万计的家庭用户同时提供服务。您可以把它想象成家中的智能管家，他了解您的用电习惯，为您制定科学、合理的用电策略，替您智能地管理家中的电器，保障家人的用电安全，用最少的能源满足家庭的各项需求。

智能电网

信息通信等新技术与传统电力系统相结合形成了现代化的智能电网，它可以接入更多的光伏、风电、水电、核电，让更多人用上清洁能源，还可以全面感知电网各个环节的运行状态，使供电更加可靠。智能用电是智能电网的重要环节之一，利用智能的管理手段，可以节约家庭用电。未来，居民不仅能很方便地缴纳电费，还可以参与电网双向互动，从电网赚取一定的收益。

智能电网在运行中与用户设备进行交互，将其视为电力系统的完整组成部分之一，可以促使电力用户发挥积极作用，实现电力运行和环境保护等多方面的效益，实现与用户的交互和高效互动。

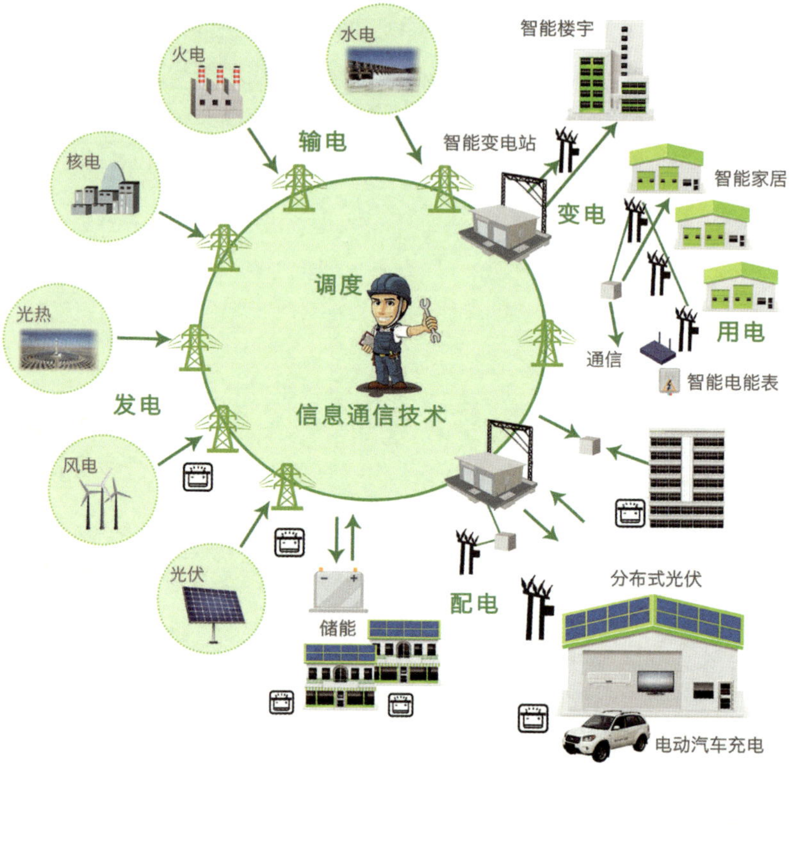

智能电网可以充分利用清洁能源，并满足节能减排的要求，而且对清洁能源并网的运行控制能力显著提升，使清洁能源成为更加经济、高效、可靠的能源供给方式。

随着智能电网的建设，拉闸限电的现象已不多见，意外停电的概率也在逐年降低。智能用电与居民日常生活的关系最为密切，智能电能表已经普及到千家万户，用户足不出户就能缴纳电费，再也不用担心欠费停电。

第二章

智能用电来到我们身边

智能用电，就是通过智慧地掌控和支配电力，使我们的用电生活变得灵动、聪明，既保证用电的安全可靠、便捷高效，也为家庭节约一部分电费开支，让我们日常的用电行为更加科学合理。智能用电的实现离不开物联网技术的发展和应用，通过把家中的电器设备接入互联网中，便可以使用手机远距离操控电器的工作状态。您也可以将电器的控制权限交给云服务平台，平台将自动控制电器设备，使家庭以最节能的状态运行。

智能用电场景

智能用电是智能电网为广大用户提供服务的关键环节，其涉及的范围是多方面的，城市中所有使用电能的地方都可以应用智能用电。居民使用手机客户端软件即可便捷地缴纳电费，不用再为电表欠费断电而烦恼。智能用电策略可帮助居民更加科学地管理家中电器设备的用电，打造节能、低碳的家居生活。智能用电还可以与家庭安全、医疗健康相结合，扩展出更丰富的功能，满足人们多种多样的需求。

智能用电

电与互联网相结合，为我们创造了新的生活用电场景模式——智能用电。家中的空调、热水器、灯光全部按照用户的使用习惯有条不紊地自动运行，完全不需要人为干预；冰箱里的菜品储备一目了然，不足时可以及时通知您，也可以自动下单；要下雨了，门窗会自动关闭；具有人工智能大脑的机器人管家可以帮您打理好家中一切事物，洗衣、做饭、打扫这些事情再也不用您亲自动手……这些在科幻电影中才能看到的场景真的会成为现实。

即使是传统的电器设备，搭配上一个智能插座，就可以用手机查看电器的工作状态，远程开启或关闭，调节电器的运行模式。利用智能手机的客户端应用，您可以随时了解哪个电器发生了故障、哪位客人到访，关上出门时忘记关闭的门窗和电灯，回家前提前打开空调、空气净化器，烧好热水。科学的家庭能效管理功能也得到实现，用户可以实时查看家庭用电情况，了解用电构成和主要耗电设备，关闭待机电器，全面提升家庭能效管理水平，避免不必要的浪费。

其实，智能用电能够带给我们的不仅仅是通过智能手机远程控制家中的电器设备，更重要的是帮助我们管理这些电器设备，寻找可以节约用电的方法，保障每一位家庭成员的用电安全。

智能家居局部场景

智能用电　智慧家庭的小帮手

智能用电与自动控制

主要功能

智能灯具

智能灯具具有调节颜色和亮度的功能，你可以根据不同的场景自行调节，为会客、用餐、家庭影院等应用场景营造不同的氛围。具有红外探测功能的智能灯具可以感应人体移动状态，夜间下床时，自动开启小夜灯，不会影响他人。

智能空气系统

客厅里，智能空气系统可自动调节家中环境，包括空调自动调节温度、加湿器自动调节湿度、空气净化器自动净化空气。扫地机器人自动开始工作，打扫室内卫生，电不足时可以自己去充电。

智能用电与节约用电

根据家庭的实际需求，可以安装不同规模的家庭光伏、风力发电以及储能等分布式能源设备，智能用电系统会为您统一管理家中全部能源的生产、存储和消耗，选取最优的用能策略，既保证家庭用电和舒适度不受影响，同时减少不必要的电能浪费；根据电价策略，调整热水器、洗衣机等电器的工作时间，降低您的用电费用。

很多家庭平时在使用热水器烧热水时，使用完后经常会忘记关闭热水器的电源，当水温低于设定值时热水器会反复工作进行加热，从而造成不必要的电能浪费。如果在传统热水器的电源插座上加装一个智能型的转换插座，就可以将热水器连接到互联网，使用手机远程控制电源通断，或者根据平时的使用习惯为热水器设定多个定时工作时间，时间到了它会自动运行，烧开水后自动关闭，不需要人为太多的干预，既简化了使用步骤，还为用户节省了一笔不小的电费开支。

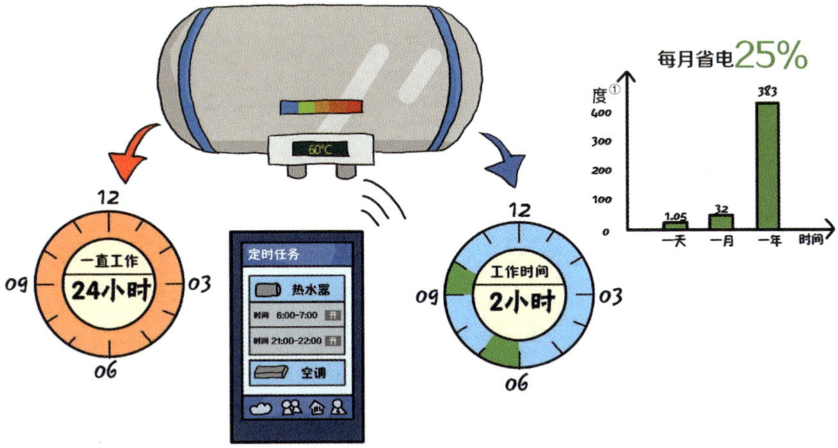

省时省电，让您安心舒心！

采用了智能用电设备的家庭可以非常简单地获取每一个电器设备的功率、累计用电量等详细信息，了解电器每一天每一时段的用电量，掌握每一种电器用电量在家庭全部用电量所占的比例。智能用电手机客户端还为用户提供了用电统计分析账单，用户可以看到哪些电器使用最频繁、哪些电器用电最多以及电器每天的用电时段，服务平台会针对您的电器类型、使用时间、工作模式等提供相应的用电策略，如果您认为合理，只需要点击接受即可，当然您还可以在这些策略基础上自行修改，使其更符合家庭的实际情况。

可视账单，让您一目了然！

① 1度=1千瓦时。

智能用电与家庭安防

智能用电系统与家庭安防结合，包括智能门锁、门磁/窗磁、红外探测、摄像头等。智能门锁通常内置多种传感器和通信芯片，如指纹检测、摄像头、蓝牙等，可以通过指纹识别、人脸识别、手机、门禁卡等方式进行开门。通过和手机远程视频连接，您还可以远程查看孩子是否已经入睡、老人外出是否归来以及家中的一切情况。

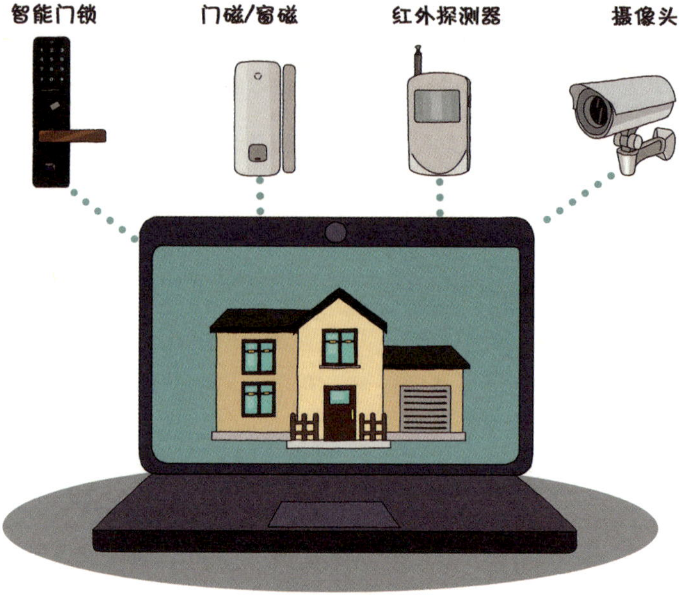

家庭安防管控

主要功能

当人离家后，屋内所有光源熄灭，无用电器断电，开启安防设备，包括门磁/窗磁、声音检测、关闭智能门锁、启动摄像头等。

厨房里的燃气及水浸探测器在厨房内异常时，可自动切断相应阀门，响起报警声，提醒人们远离危险，减少损失，并远程通知家人。

智能用电 您的贴心管家

唤醒起床

清晨时分，电子闹钟准时响起，将您从睡梦中轻轻唤醒，卧室的窗帘自动打开，清晨的第一缕阳光照进您的房间，卫生间的热水器为您准备好合适的温度，厨房的热牛奶已经热好，电饭煲准备好了美味的早餐，静待您的享用。全电气化智能家居管理系统的功能远不至于这些呢！

定时控制

场景控制

出门前，一键启动离家场景模式，灯光、空调、热水器自动关闭并且切断待机电源，为您节约每一度电。智能机器人自动为您打扫房间，等待您的归来。

您可以通过手机远程开启客厅的智能摄像头，家中的画面实时回传，一切了如指掌。孩子和老人回家可以通过指纹或人脸识别自动开门，无需再为家人忘带钥匙而烦恼，所有信息第一时间发到您的手机上。

安心出行

能源管控

当您在工作忙碌之时，智能用电管理系统自动对家中的电能进行科学管理，家庭分布式光伏系统借助光照发出电能，存储在家中安装的储能系统中，在傍晚用电高峰时段使用，减少电费支出，多余的电量可以直接并入电网，为家庭带来额外的收益。智能用电系统还可以设计出一套科学的家用电器用电管理策略，让您家中的电器设备智能地避开用电高峰电价，节省电费开支。

低谷用电

下班回家车辆进入车库自动连接充电桩，充电计划安排在了晚上10点以后，避开了用电高峰时段，利用电网的低谷电价进行充电，又节约了一笔电费开支。

与家人共进晚餐时，房间的智能灯光系统将光线调节为温柔的暖色调，为家人营造出温馨的用餐环境，晚饭后餐厅灯光自动关闭，客厅灯光调节到合适的亮度，带来专属于家人的休闲时光。智能灯光系统还能自动感应人体移动，实现“人来灯亮、人走关灯”。

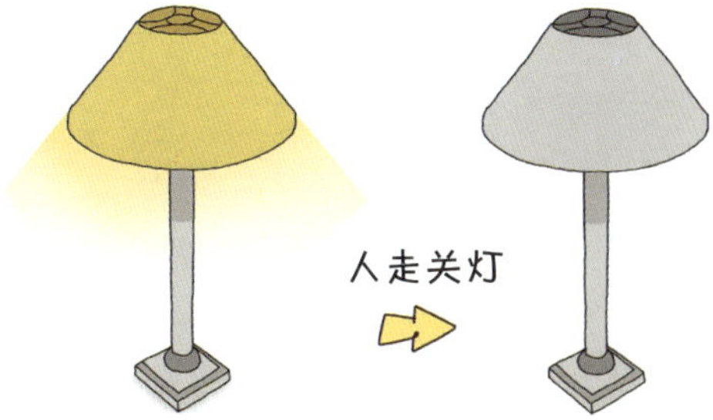

智能家居系统可以设定多种便捷的场景模式，可以实现多种用电设备的组合控制，睡觉时，只需要一键开启睡眠模式，灯光、窗帘将自动关闭，室温调节系统将按照预先设定的舒适曲线自动运行，陪伴家人的健康睡眠，准备迎接第二天的美好生活。

睡眠模式，自动调节

安全用电

智能插座或具有电能计量模块的智能电器与普通家电的区别是：内置了电能计量芯片和通信芯片，可以监测设备的用电状态并发送到云端服务平台，当发生漏电、过电流、过电压、温度过高等现象时，能立刻自动切断电器电源并通过声光或短信方式告知用户。厨房中安装的燃气探测器、烟雾探测器等设备可以检测燃气泄漏和火灾等危险的发生，并通过家庭网关或控制中心向您的手机发送消息，保护家庭的人身和财产安全。

智能用电不仅为用户提供了丰富的电器用电管理手段，还可以通过家中安装的摄像头提供视频监控功能。

智能用电App 开启掌上生活

以智能手机为终端的智能用电使家中每天的用电情况一目了然，家用电器会自动选择电价最经济的时间工作，家中遇到危险情况会自动报警，室内空气会智能净化，即使出差在外也会对家中用电情况全盘掌控。

智生活客户端软件是一款智慧生活服务App，用户可通过它随时远程查看并控制电器工作状态，享受远程操控乐趣。

家庭电器一天的耗电量，在智生活App上一目了然；通过App可以直观地查看电器用电明细，准确掌握每台家电的耗电量，对耗电量大的家电及时发出节电提醒。可定时设置开关，为用户精打细算；提醒保养功能，将诊断结果推送给用户，确保使用放心、维护省心。

该App支持远程控制智能空调开关、模式切换，用户可根据自己的需求对家电进行定时、联动等设置。只需轻触一次按键，灯光调弱，窗帘自动关闭，空调自动调整到睡眠模式，给用户营造一个完美舒适的空间。

智生活
Smart Life

北京市
0.86 度
[可控电器本月用电量]
查看用电详情 >
申领红包 >
当前红包余额:0元
插座
空调
窗帘
灯光
摄像头
排插
红外
能源路由器
更多类别 >
节能场景
舒适场景
回家场景
智生活
商城
发现
我的

智生活APP界面

电与电价

重新认识电

电，是现代社会生活和工作不可或缺的商品，是商品就有价格。在十几年前，很多家庭安装的都是带转盘的机械式电能表，电能表读数需要人工抄录，通常还会配发一本购电证，拿着这个小本子就可以到供电公司指定的网点去缴费买电了。

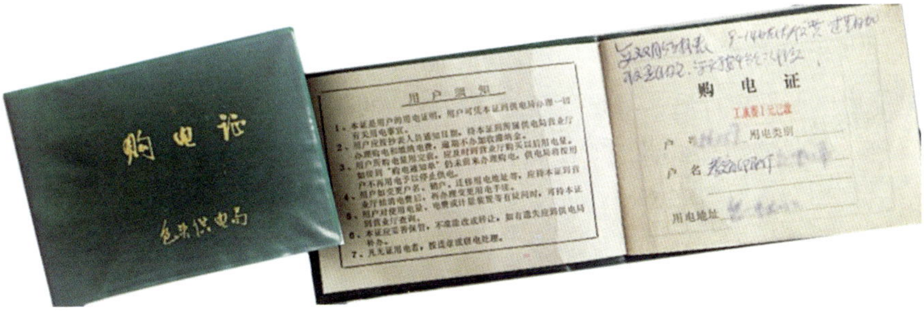

电力生产由发电企业和电网企业协同配合来完成，发电企业负责电能的生产，电网企业负责电能的输送，送到工厂、医院、电影院、商场、学校以及我们每一户家庭当中。

按照电能生产方式的不同，发电形式可以分为火力发电、水力发电、核能发电、太阳能发电、风能发电、潮汐发电等，我国以火力发电和水力发电为主，这两种发电方式技术成熟，装机容量大，可以满足一片区域对电能的集中需求。随着全世界环保意识的不断增强，利用太阳能、风能等清洁能源发电的方式逐渐引起了人们的关注和大力支持。

小知识

火力发电和水力发电各有哪些优缺点?

1）火力发电

优点：技术成熟，目前成本较低。对地理环境要求低。

缺点：有污染，可持续发展前景暗淡。耗能大，效率低。

2）水力发电

优点：历史悠久，后期成本很低。无污染，水能可再生，水能蕴藏总量大。

缺点：投资大，对地理环境要求高，建设困难。

电能由电厂发出以后，首先要经过电厂本地的变电站将低压电转变为高压电，然后通过输电线路输送到远方的变电站，逐级降压，最终变换居民日常使用的220伏的交流电。

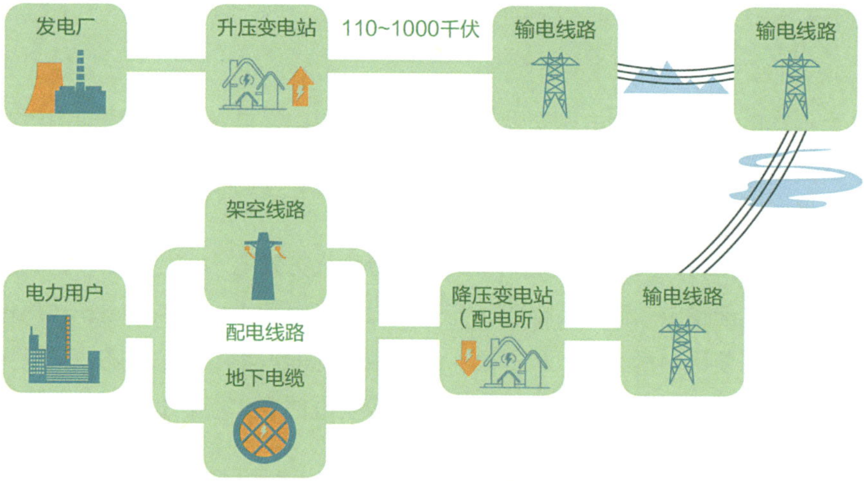

电能的传输过程

小知识

输送电能为什么要经过先升压再降压的过程?

我们都知道家用电器在使用过程中会发热，比如电灯、电视机、笔记本等都会如此，这是因为每一种电器都有电阻，当电流经过电阻时便会产生热量散发出来，电流越大，产生的热量就越多，这在物理学中称为电流的热效应。当您家中某一样电器发生短路故障时，会引起跳闸，有时还会闻到一股烧焦的味道，这便是短时间内流经电线的电流过大，产生大量热量，温度过高造成的，严重时还会引起火灾——这就是电气火灾。

远距离输电同样面临这个问题，通过电网输送的电能是巨大的，如果使用大电流输送，那么大量电能就会转变为热量散失，更严重的是产生的热量会使电线的温度急剧升高，最终带来不可想象的后果。而电厂在某一时间段内发出电能的功率是恒定的，电压越高，则电流越小，这样便解决了电流的热效应带来的危害问题。因此远距离输送电能都要使用高压电，到达目的地后再变换为低压电供人们使用。我国的特高压输电技术水平是全世界最高的，很多国家都到中国来学习。

我国的电价类型

我们国家的电价根据用户不同分为居民生活电价和非居民销售电价，非居民销售电价主要包括一般商业用电、大工业用电和农业生产用电，针对大工业用户通常采用两部制电价。居民生活电价通常有两种计价方式：分时电价和阶梯电价。

分时电价

我们的日常生活往往具有明显的时间分布特性，日出而作，日落而息，社会的生产经营活动也是如此，这就造成了用户对电能的需求也同样按照时间的不同呈现出明显的差异性。

过去我们的电力系统还不像今天这般发达，经常会遇到电力供应紧张的时刻，电网的高峰负荷出现在上午和晚上，特别是有时候吃晚饭时，家里的灯泡会明显比其他时候暗，还可能会出现闪烁的情况，这便是供电电压不足造成的。

深夜当大家进入睡眠以后，大部分用户的生产活动也都停止，电网的负荷就会很低，形成一个很大的峰谷差。高峰时段电力供不应求，可能引发一些事故，降低供电质量，严重时还需要拉闸限电，给生产、生活带来诸多不便；而低谷时段电用不出去，又无法进行大量存储，便只能降低电厂的发电量，这种发电资源的闲置同样也是一种浪费。为了适应这种用电时间分布不均的现象，制定了峰谷分时电价（也可简称为分时电价），对不同的用电时间制定不同的电价，它是一种在现行条件下比较合理的电价制度。

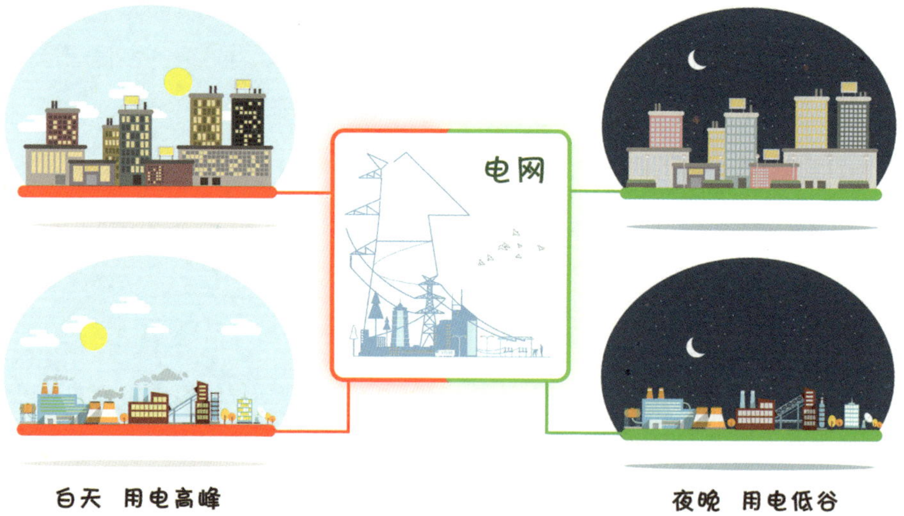

分时电价正是根据用电需求在时间上呈现的显著规律来划分时段的，通常有两种划分方式：两段制和三段制。两段制分时电价是将全天24小时分为两段，即高峰、低谷；三段制分时电价是将全天24小时划分为高峰、低谷和平三个时段。

小知识

国外是否也有分时电价，发达国家的分时电价政策是怎样的?

分时电价并不是我国独有的电价政策，电力需求分布不均的现象普遍存在。从20世纪70年代起分时电价就开始在发达国家普遍采用，制定分时电价时不仅考虑了用电需求在一天当中的分布特性，还会考虑季节因素引起的发电成本和用电需求的变化，从而形成了峰谷与季节性相结合的分时电价制度，只是高峰、低谷时段的划分因各国地理、气候及电力系统负荷状况等因素而有所不同。

分时电价的好处

分时电价在用电高峰和低谷时期执行不同的电价标准，在高峰期提高电价，在低谷期降低电价。实行分时电价能通过价格杠杆作用，引导用户合理用电，缓解电力供需矛盾，削减高峰负荷，提高低谷用电，缩小电网的峰谷差，有利于实现资源的合理配置。

为配合各地电采暖工程的实施，各地政府和电力公司对使用电采暖设备的用户提供了分时电价优惠政策，以保障居民用户冬季采暖的经济性需求。

某些地区，低谷用电量是高峰时的1/3或1/4。我们可以利用不同时间的电价差异完成智能用电，热水器可以设定在低谷时段进行加热；洗衣机可以自动选择低谷电价时工作，在低谷时自动充电。

近两年，电动汽车产业迅猛发展，各地针对电动汽车的分时电价政策也越来越成熟和完善。

阶梯电价

阶梯电价，又叫阶梯式累进电价，国家有关部委将户均用电量设置为若干个阶梯（挡），随着户均消费电量的增长，每千瓦时电价逐级递增。因此，通过价格机制可以鼓励大家节约用电，控制不合理用电，促进节能减排。

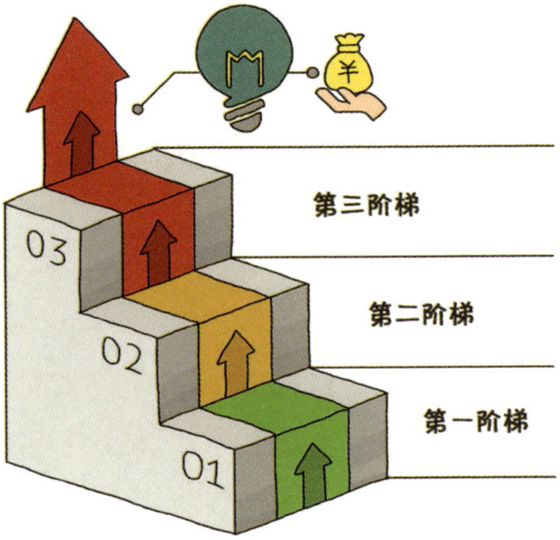

根据阶梯电价划分维度的不同，又进一步分为月阶梯电价和年阶梯电价。为防止夏季和冬季居民用电量过多，可能造成费用大幅增加的问题，阶梯电价通常按年度结算费用。月阶梯电价是在用户实际使用时间不足一年时，方便按照使用月数折算阶梯电价每挡的限值。

举例

北京市的阶梯电价政策

北京市“一户一表”居民用户以日历年（每年1月1日至12月31日）为周期执行居民阶梯电价，即：一户居民全年不超过2880度的电量，执行第一挡电价标准（0.4883元/度）；全年在2881度至4800度之间的电量，执行第二挡电价标准（0.5383元/度）；全年超过4800度的电量，执行第三挡电价标准（0.7883元/度）。

某居民住户年度内前三个月累计用电1000度，4月用电量为300度，由于累计电量小于第一挡电量上限（2880度），则该住户4月的电费为300×0.4883=146.49（元）。前八个月累计用电3200度，9月用电300度，由于累计用电量超过第一挡电量上限，处于第二挡，则9月的电费为300×0.5383=161.49（元）。

阶梯电价与分时电价相结合

在分时电价的基础上，实行阶梯电价的策略，就形成了分时阶梯电价，即将每天24小时划分为高峰、平、低谷等多个时段，对于每个时段的电价执行不同的阶梯电价。这种电价制度综合了分时电价和阶梯电价两者的优点，有利于鼓励用户合理用电，更好地优化用电需求的分布。例如，上海、江苏等地区默认实行的是阶梯电价政策，一户一表居民用户可以自行通过95598互动服务网站申请开通分时电价服务。

举例

浙江省的分时阶梯电价策略

2013年12月，国家发展改革委出台了《关于完善居民阶梯电价制度的通知》，明确提出全面推行居民用电峰谷电价，鼓励电力移峰填谷。我国上海、浙江和福建等地区在现行的阶梯电价基础上进一步推行居民分时电价，执行了居民的分时阶梯电价。下表是浙江地区执行的居民分时阶梯电价策略，从表中可以看出，其第二挡、第三挡的峰、谷电价在第一挡的峰、谷电价基础上每度均分别上涨0.05元和0.30元。

分挡	年用电量（度）	峰电价（元/度）	谷电价（元/度）
1	0 ~ 2760	0.568	0.288
2	2761 ~ 4800	0.618	0.338
3	＞4800	0.868	0.588

当用户当月电量与往月累计电量相加出现跨阶梯的情况时，需要将当月电量拆分，使用两个分挡的价格分别计算并相加，得到当月电费的数额。例如，浙江地区一户居民年度内往月累计电量为3500度，当月用电量200度，峰时电量130度，低谷电量70度，依据上表的第二挡的电价，当月电费是130×0.618+70×0.338=104（元）。

智能电能表

电能表又称电度表，是用来测量用电量多少的仪表。在电能表的发展过程中，主要经历了机械式和电子式两个发展阶段。

传统的机械式电能表，利用线圈、圆盘、计数器等机械部件记录电量。家里开的电器越多，圆盘转动的速度越快，用电量越大。圆盘上方的计数器记录的是家庭用电的累计值，每个月要抄表记录一次计数器的数值，与上个月记录的数值相减便是家庭这一个月内使用的电量。

早期的电子式电能表与机械式电能表仅设计结构不同，产品功能都是一样的，都需要人工抄表。

智能电能表（通常称智能电表）是在电子式电能表的技术上发展起来的，作为智能电网的智能终端，它已经不是传统意义上的电能表。智能电能表除了具备传统电能表基本的用电量计量功能以外，还具有双向多种费率计量、用户端控制、多种数据传输模式的双向数据通信、远程抄表、自助缴费、防窃电等智能化功能。

看懂智能电能表

智能电能表在功能上比传统电能表有了很大改进，液晶显示屏显示的内容也非常丰富。

显示屏可以显示电费和剩余电量等信息，用电时指示灯闪烁，用电量越大，指示灯闪烁越快；不用电时不闪烁，按动信息查询键/复位开关可以查询电量、电费以及客户编号等信息。

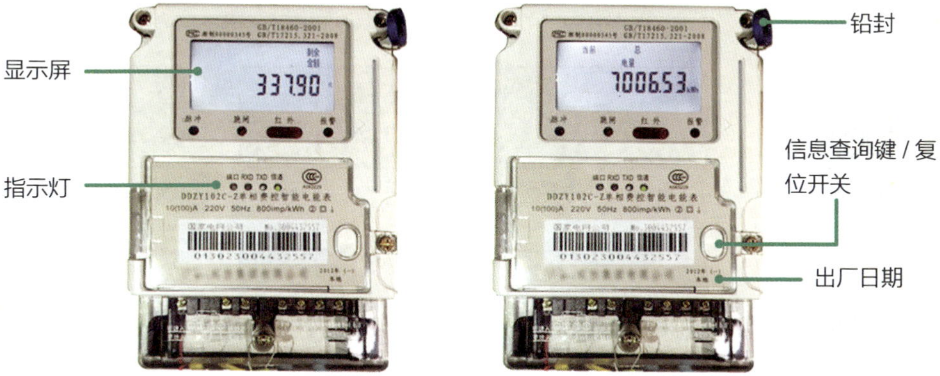

显示剩余金额　　　　显示电量

自动循环显示

正常时屏幕循环只显示剩余金额和已用电量，当表内剩余金额不足100元时，屏幕背光会自动点亮，报警红灯常亮，提示您尽快购电。

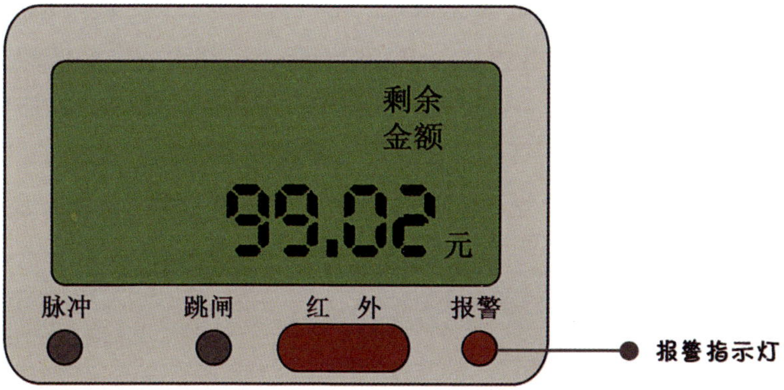

手动按键查询

依次按动信息查询键，表内信息显示如下：

1. 当前剩余金额

2. 当前已用总电量

3. 截至上 1 个月底已用总电量

4. 截至上 2 个月底已用总电量

5. 00+ 客户编号（共 10 位）前两位

6. 00+ 客户编号（共 10 位）后八位

7. 00+ 表号（共 10 位）前两位

8. 00+ 表号（共 10 位）后八位

9. 表内日期（年、月、日）

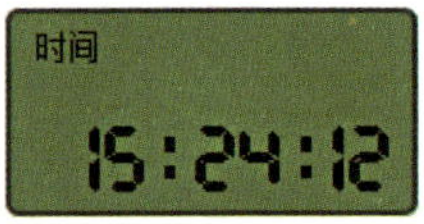

10. 表内时间（时、分、秒）

11. 表内执行的当前电价

使用注意事项

1）插卡式电能表，为保证购电卡的正确读写，每次插卡后应等到显示稳定后方可取下购电卡，通常为5 ~ 10秒。

2）智能电表欠费后，用户可以通过95598客服电话、掌上电力客户端等方式，申请应急送点，获得一定额度的透支电量（不同地区有不同规定），待用户缴费后自动抵扣其使用的透支电量。

3）用户缴纳电费后稍等片刻即可通过液晶显示屏查看电费余额。

缴费新体验

我们进入了智能用电时代，家庭用电缴费业务方便快捷，您不用再像从前一样，一定要跑到银行现场缴费。如今，只要安装了智能电能表并且知道家庭的客户编号，在掌上电力、电e宝、微信、支付宝等平台上简单操作几步就能完成缴费，省时又方便！

小知识 什么是客户编号？怎样找到自己家的客户编号？

客户编号是每个用电客户独有的用电档案编号，也是用户办理用电业务的凭证。需要注意的是，客户编号与家庭智能电能表上标识的编号是有区别的，两者不能混淆。

找到客户编号的最简单方法是通过智能电能表购电卡，在卡片上标明了每一户的客户编号。

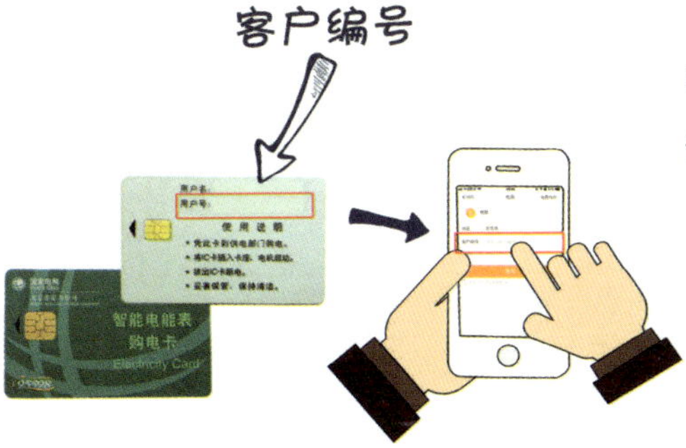

如果您能找到缴纳电费时开具的发票，也可以很方便地找到自家的客户编号。

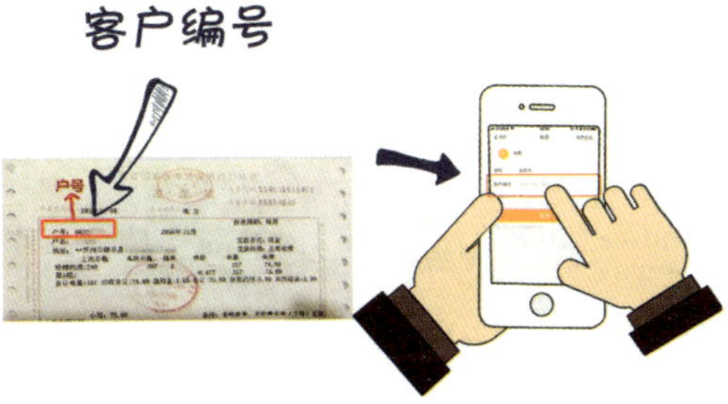

有了客户编号，您就可以体验在智能手机客户端在线缴纳电费的功能了。

掌上电力

掌上电力客户端软件是由国家电网有限公司打造的一款用电互动服务平台，主要为客户提供手机购电、用电查询、信息订阅、在线客服等相关电力业务。

通过掌上电力App软件，我们可以利用银联支付方式在线缴纳电费，也可以帮其他人缴纳电费。可以查看已缴的电费、购买的电量、购电记录、电费余额等，还可以查看停电公告，根据停电开始、结束时间等进行筛选，显示停电信息。

掌上电力
下载二维码

电 e 宝

电e宝包含了公共事业交费、电力在线服务、金融交易等多种民生服务，业务范围覆盖国家电网有限公司经营区域。智能缴费服务提供多种类、便捷、安全的电费支付功能，用户可以自主查询每月用电明细，还可以通过活动、碳能量兑换以及积分兑换等方式获赠电费小红包，抵扣等额电费；电费理财服务提供不同投资周期的理财产品，带来稳健收益；绿色能源服务提供线上线下光伏服务，并可参与电商扶贫。

微信缴费

微信客户端的“钱包”中包含了“生活缴费”的功能，支持水、电、燃气、公交卡等生活类费用的在线缴纳，按照前面小知识中介绍的方法找到家庭的客户编号后，即可使用微信客户端在线缴纳电费了。

除了微信“钱包”中集成的缴费功能，部分省市的电力公众号中也集成了电费缴纳和用电账单查询的功能。

支付宝缴费

与微信客户端类似，支付宝客户端中也包含了“生活缴费”的功能，只要找到家庭的客户编号，就可以按照相似的方法进行电费缴纳。

当然您也可以到电力公司开设的实体营业厅或使用24小时自助缴费终端进行购电。

除了掌上电力、电e宝、微信、支付宝几种主要缴费方式之外，还有手机银行、拉卡拉等第三方电费缴纳服务平台，这些方式对于不同地区提供的服务内容存在较大差异，您所在地区的电费缴纳功能也可以通过95598服务电话和网站查询确定，这些在线缴纳电费方式几乎涵盖了目前市面上所有常见类型，相信总会有一种方式能够满足您的需求。

第三章

智慧生活的好帮手

在我们的日常生活中总会使用到各式各样的家用电器，例如：电灯、电饭煲、电冰箱、热水器、空调、电暖器、空气净化器、新风装置、抽湿机等。您会发现，每一种电器的正常工作都离不开我们人为的操控，每天会有许多重复的工作，各种电器的遥控器有时也让我们眼花缭乱。

如果能给家庭配置一个“智慧管家”，听从我们的指挥，管理家中的每一个电器，生活将会是多么的便利。随着物联网技术的快速发展，这样的智慧生活已经到来。您能想到的所有家用电器都可以连接到互联网中，只需要一部安装了相应软件的智能手机，无论身在何处，都可以对它们进行智能化的管理与控制。

智能插座与排插

随着人们生活水平的提高，日常家居出现了多种智能插座，户主即使不在家，也可以远程控制家中的许多电器。

智能插座

通常，家用电器电源插头直接连接电源插座进行取电，通过手动方式控制电源的接通和断开。在电器插头和电源插座之间增加一个智能插座（也称为转换型智能插座），就可以将家中的传统电器变为智能电器，在提供基本的供电电源的同时，还可以利用互联网对电器电源进行智能化控制，如远程开关、定时开关、电能计量等。

普通插座由阻燃材质的外壳和内部的金属电气部件构成，起到电气连接和防护的作用，通过手动方式控制电源通断。智能插座在此基础上增加了无线通信模块和电能计量模块，可以连接到互联网，通过手机终端远程控制电源通断，查看家用电器的工作状态和用电详情。

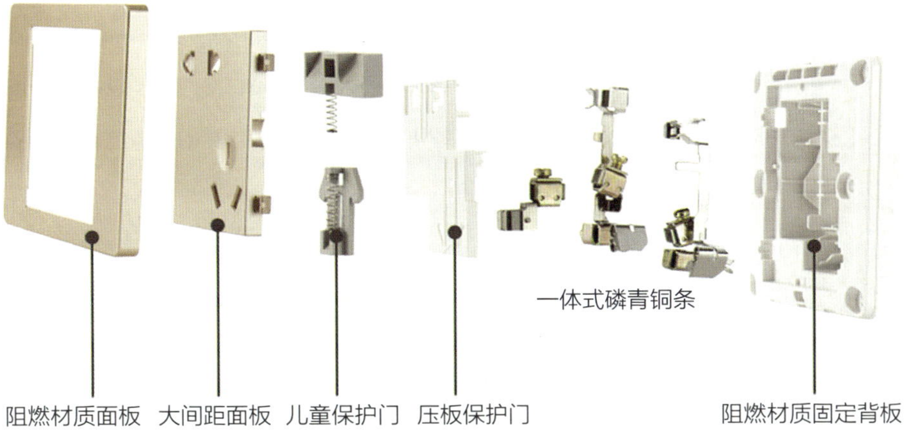
一体式磷青铜条
阻燃材质面板
大间距面板
儿童保护门
压板保护门
阻燃材质固定背板

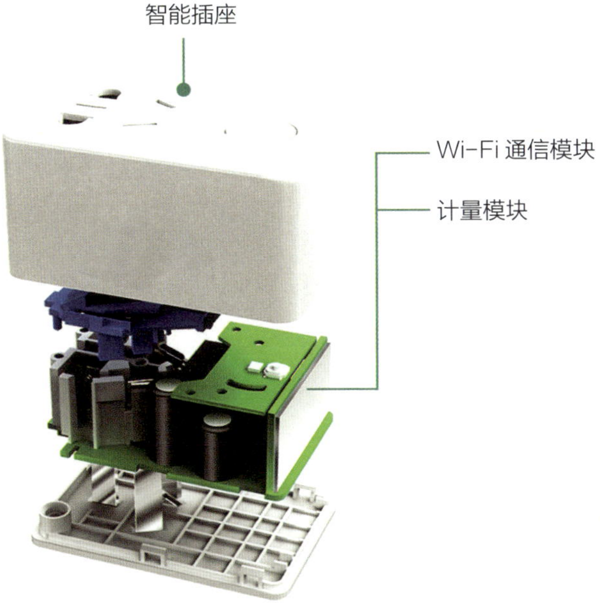
智能插座
Wi-Fi 通信模块
计量模块

通常的智能插座通过普通Wi-Fi连接互联网，这种智能插座配置过程简单，只要家中安装有Wi-Fi无线路由器即可使用，不需要额外购买网关设备。常用的智能插座包括10安和16安两种型号，以满足不同功率的电器设备使用。家用空调和热水器需要选择16安的智能插座，其他常见的电器设备可以选择10安的智能插座，支持两孔插头和三孔插头插入。

10安智能插座

16安智能插座

使用方法

多数家用电器如饮水机、电饭煲、豆浆机等都可以通过智能插座变智能。比如很多家庭的饮水机都是长期处于开启状态的，这样不仅是对家庭用电的浪费，喝长时间反复沸腾的水对人体健康也会有不良影响。如果将家庭饮水机的插头通过智能插座转接后再插到普通墙

插，只需经过简单的配置，智能手机App上就会显示饮水机的工作状态，用户可以随时随地控制家庭饮水机的开闭状态，实现定时开闭和用电计量等功能。

电饭煲等常用电器都可以使用定时开闭功能，提前在手机上完成多时段的打开或关闭。

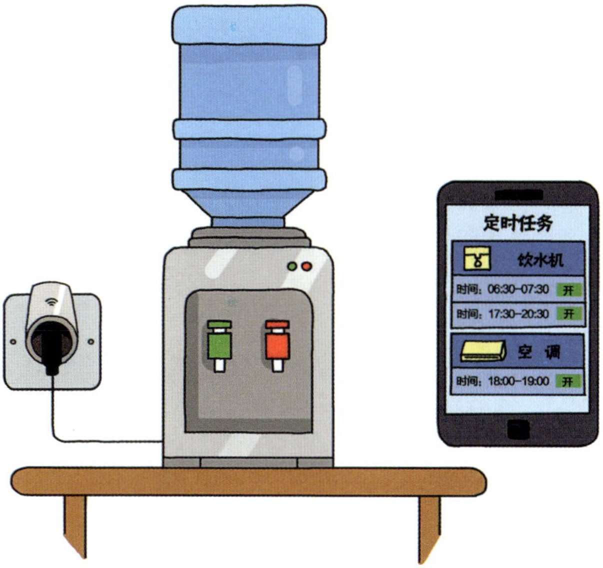

使用窍门

1）智能插座具有本地按钮，用户在家中时不必每次都通过手机客户端进行控制，可以直接使用本地按钮控制电源的通断。例如用完电饭煲后，只需要按一下本地按钮就能关闭电源，不用每次都拔插电源插头了。

2）利用智能插座的定时功能，可以提前设定好空调、热水器等电器设备的工作时间，让电器使用更科学、更高效、更节能。

使用注意事项

1）无法进行远程控制时，应先考虑通信问题，可以通过设备自带的指示灯判断当前的工作状态是否正常。

2）新买的智能插座无法正常添加时，请从以下几个方面检查是否操作有误：智能插座是否连接电源插座；手机与智能插座是否连接同一个Wi-Fi路由器；无线路由器密码输入是否正确。

3）智能插座启动时，家电的开关和操作功能仍然有效。

小知识

智能插座如何连接互联网?

1）首先请确认您家中安装了无线路由器，手机、平板电脑等设备可以正常使用Wi-Fi，在准备控制智能插座的手机上安装对应软件。

2）未使用过的智能插座直接连接到电源插座上即可；如果是使用过的智能插座，需要长按智能插座上的配置键，使连接指示灯快速闪烁，表示智能插座处于等待配置状态。

3）手机连接家中无线路由器，打开配套客户端软件，进入智能插座添加页面，相继输入路由器无线密码和插座的名称。

4）观察指示灯状态变化，等待智能插座配置添加完成。

5）将要控制的家用电器电源插头插入智能插座，就可以使用手机控制电器的电源通断了。

实际上，不光是智能插座，后面将要介绍的智能排插、智能开关以及具备Wi-Fi功能的智能家电的添加过程都与上面介绍的方法类似。

小知识

什么情况下可将智能插座恢复到出厂设置?

1）智能插座或路由器状态异常，无法通过手机客户端对智能插座进行正常控制。

2）家中更换了路由器，需要重新添加智能插座。

具体方法：找到智能插座上的电源按键，长按不放，直到插座上的电源指示灯快速闪烁，就完成了恢复出厂设置。

智能排插

电源排插，俗称插排、插线板。一般家庭使用的都是传统电源排插。智能排插是将智能控制技术融入传统中，形成的具有多种控制方式的新型电源排插，可实现对所插入的每一个电器的供电控制，减少电能浪费。

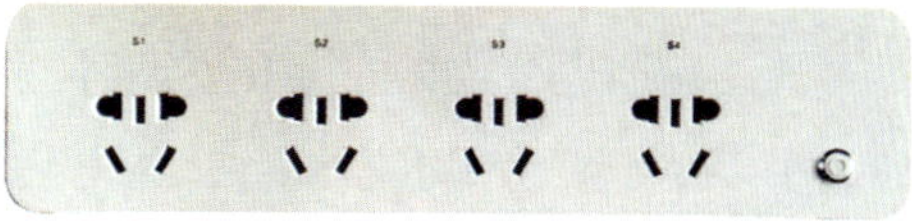

控制方式包括远程/本地控制开关、自动定时开关等。部分智能排插还具有计量功能，统计每个插入电器的用电量。

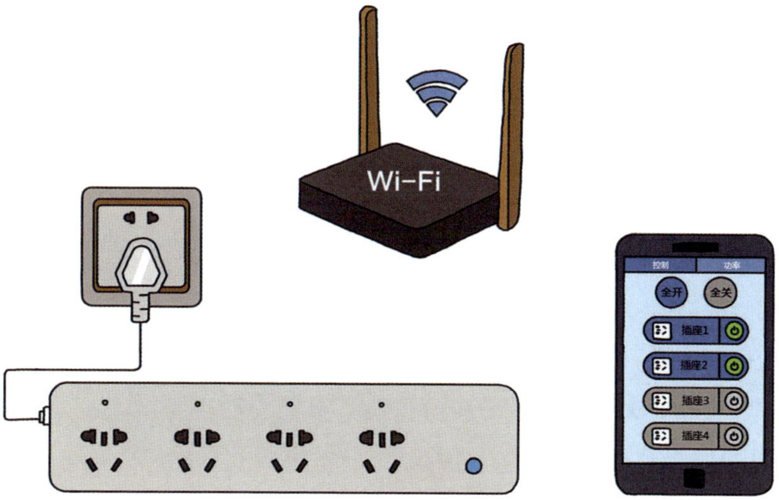

智能墙插

一般家庭使用的都是传统墙面插座。智能墙插就是将智能控制技术融入传统墙面插座中，形成的具有多种控制方式的新型墙面插座，可实现对所插入的电器的供电控制，其控制方式与智能插座类似。

智能墙插也分成10安和16安两种型号，其中10安插座用于一般的电器设备，16安插座主要用于大功率电器设备，如电热水器、空调等。

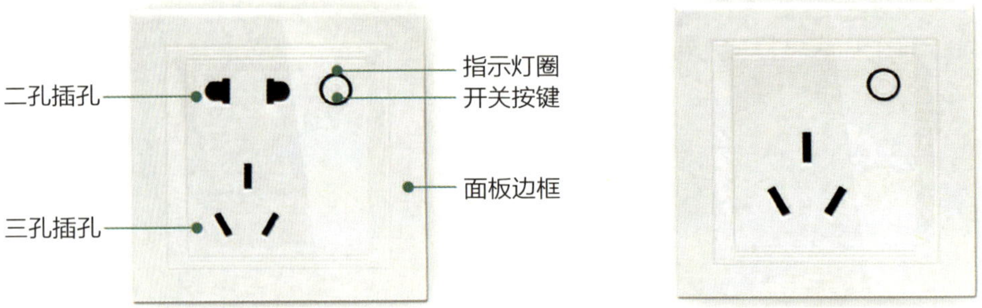

10安智能插座　　　　16安智能插座

用户可在装修过程中便设计使用智能墙插，比如热水器使用智能墙插之后，可以定时将热水器每天的工作时间缩短到1个小时，这样既不会耽误用户在家的时候使用热水，又达到了节能的目的。

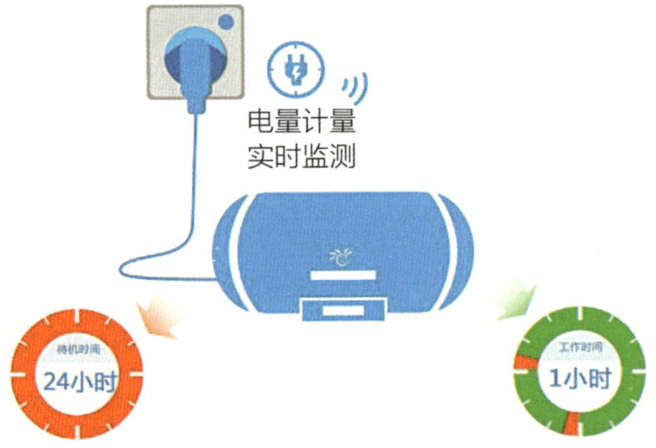

智能红外插座

空调是居民日常生活中最常使用的大功率电器之一，随着物联网技术的应用，空调厂商大都已推出了自家品牌的智能空调产品，并且开发了相应的手机客户端。智能空调内部集成了无线通信模块，可以连接到互联网，实现远程操控。

那么，能否在不更换空调的条件下，也让用户体验类似智能空调的功能呢？智能红外插座就能完成这种功能。简单地说，智能红外插座集成了智能插座和红外遥控器的功能，可以实现远程控制空调设备的电源通断，还可以把手机变成一个空调遥控器，让您随时随地设定家中空调的温度和工作状态。智能红外插座还集成了电能计量芯片，可以采集空调设备的用电数据，用户可以自主查看空调的用电量和用电占比，系统可以根据当前的电价信息，帮助用户制定科学合理的空调用电策略。

智能红外插座由电源开关、指示灯、插头、插孔以及内部集成电路等几部分组成。

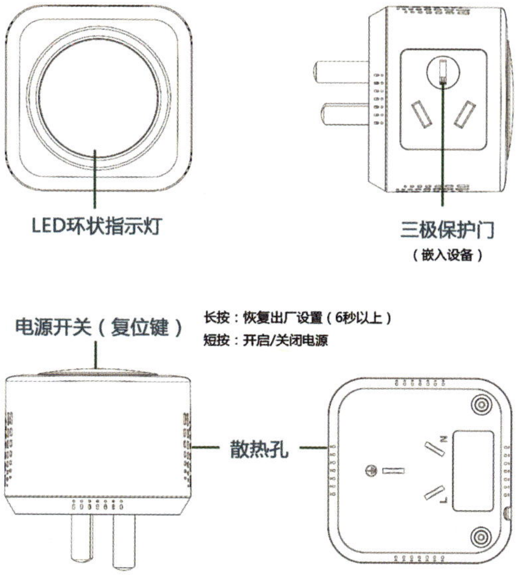

我们可在回家之前使用手机客户端打开家里的空调设备，设定好相应的温度，入户便会有一个舒适的环境。我们还可以通过智能手机App控制和查看空调状态、定时控制、电能统计，设计空调常用情景模式控制。

使用注意事项

1）由于空调设备通常使用的是16安的墙壁插座，因此智能红外插座采用的是16安的电源插头，请在16安的标准墙壁插座上使用该设备。

2）大功率柜式空调使用时，请先查看空调设备与智能红外插座的功率是否匹配，壁挂式空调一般都符合智能红外插座的使用要求。

3）为了取得较好的红外控制效果，智能红外插座的安装位置应避免遮挡。

智能红外插座完成联网配置后，要想具备空调遥控器的功能，还需要进行红外学习操作，您只需将空调原装的遥控器对准智能红外插座点击，客户端软件上将自动弹出匹配的空调遥控器型号，选择确认即可。将空调室内机的电源插头插入智能红外插座的插孔中，就可以使用手机远程控制空调的开关、工作模式，查询用电数据了。

智能共享插座

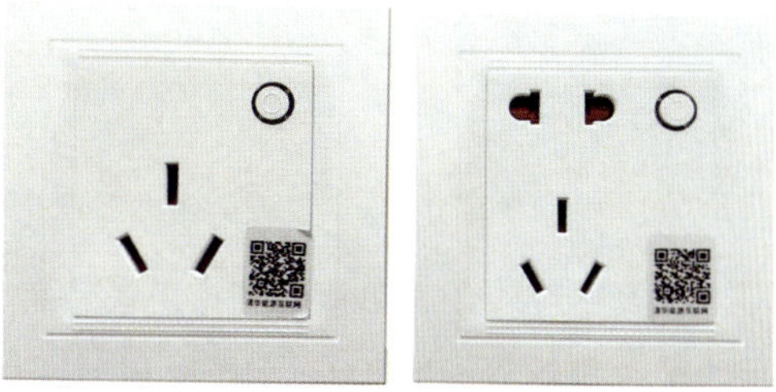

出门在外，手机、电动车甚至电动汽车等电子设备没电的时候会给人们带来许多困扰，这里介绍一种户外使用的智能共享插座，它具备许多独特的功能，可提供自助式收费服务。

关注公众号就可以从附近地图中查找到智能共享插座。

主要功能

方便用户在户外用电

每个插座带有一个唯一的二维码，直接采用微信或者支付宝扫码支付，无需另外安装App。

安全保障

每个插座独立内置温度检测，最大负载电流预警，出现危险状态主动断电，平时没电，确保用户用电安全。

防伪支付

用户在扫二维码支付之前，提供明确信号，防止假冒收钱码造成用户支付损失。

盗用提醒

合法用户的用电设备在中途被拔掉电源插头，自动停止供电，系统发送警示信息给合法用户。

独立计价

每个智能共享插座，能够单独设定计价规则，能适应各种各样用电场景进行计费用电服务。

有序充电

能够实现峰谷调节，内置价格引导机制，通过半价套餐供用户选择后半夜再用电，帮助电网调节用电负荷曲线。

这种新型智能插座的普及，使得我们出门时再也不担心用电问题了。

智能照明

LED灯具

LED灯具具有节能和长寿命的特点。要达到LED灯具10瓦的亮度，节能灯需要20瓦功率，白炽灯需要100瓦功率。LED灯具的寿命是50000小时，节能灯的寿命是5000小时，白炽灯的寿命是1500小时。目前，白炽灯已逐步淘汰，不再生产。综合使用成本，LED灯具远远低于节能灯和白炽灯。因此LED灯具是照明灯具的发展方向。智能LED灯具是在传统LED灯具基础上对电源驱动模块增加了智能控制部件。因此产品具有了远程控制、定时控制、亮度调节、色温调节、RGB色彩调节等多种智能控制模式。

使用方法

智能灯具在使用时，需要将灯具对应的墙壁电源开关打开，以保持灯具的火线接通，从而为智能灯具的智能控制电路提供电源。智能灯具的控制功能需要配合智能手机上的App来使用（使用智能手机扫描产品出厂包装上的安装二维码下载或通过手机应用商店搜索程序名称下载相应的App），通过App对智能灯具进行配置。通过手机App可以实现对智能灯具开启和关闭的远程控制，还可以在App上对智能灯具的工作时段进行定时，比如晚上7点开启、晚上11点关闭。另外，通过人体传感器的感应，手机App可以在房间里没人时弹出提醒关灯的信息，实现人走关灯。

小知识

如何根据房间面积选择LED灯的瓦数?

家装中，如果选用LED灯具，通常按照每平方米配置1瓦计算，即客厅25米^{2}可选用25瓦。但是卧室可以稍微小点，打个八折，例如15米^{2}选用12瓦。厨房可放大1.1～1.5倍，书房放大2倍。

考虑灯罩等吸光挡光作用，可以根据需要将计算数值适当扩大。较大的空间需要增加其他辅助光源，不宜用单一主灯，主灯的瓦数可以降低。

选购LED灯具瓦数未必正好符合计算值，计算结果只是一个参考值，上下浮动一定比例都是可以接受的。市面上很多LED灯具都是支持多个亮度挡位的，上下调节即可满足您的需求。

智能开关

智能开关，就是由触摸开关、远程开关、定时开关等多种方式控制电源开关，它的这些功能是由电子元器件和新增加智能控制部件来实现的。

智能开关分成一位开关、二位开关、三位开关等类型。

一位开关

二位开关

三位开关

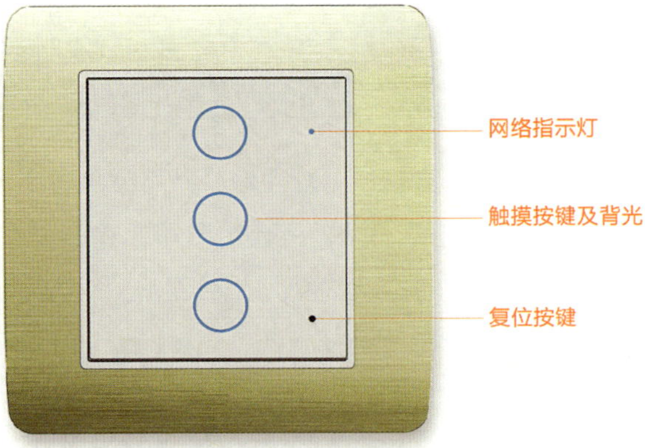

网络指示灯：通过快闪、慢闪和熄灭三种状态判断智能开关的配置状态和联网功能。

触摸按键：短按开关进行通断操作，用不同的灯光色彩指示开关通断电情况，同时在夜间有指示位置功能。

复位按键：长按时智能插座进入手机配置状态。

智能开关通过开关本体的触摸按键可控制开关的通断，智能开关的其他控制功能需要配合智能手机上的App来使用。智能开关可以实现本地手动、红外遥控、异地操作等功能，例如，晚上睡觉前，发现小孩房间灯忘记关了，可以从自己房间智能开关上很清楚地知道小孩房间哪一盏灯亮着，然后直接在智能开关上手动或遥控进行控制。晚上准备出门，像普通开关一个一个房间关灯麻烦，用智能开关，走到门口直接按全关键，即可关闭所有灯。

使用窍门

1）定时控制：设置定时开关时间，自动按时给设备通断电。

2）远程控制：不在家时也可以远程控制开关的通断。定时开关家中灯具。

3）本地控制：在家时，不想拿手机控制如此麻烦，在开关上轻轻一触轻松实现开关通断电控制。

调光调色灯具及开关

智能调光调色系统包括智能控制面板（调光调色控制面板）和灯具（例如吸顶灯、球泡灯、蜡烛灯、筒灯等），调光调色控制面板可配合智能灯具实现亮度、色温调节。

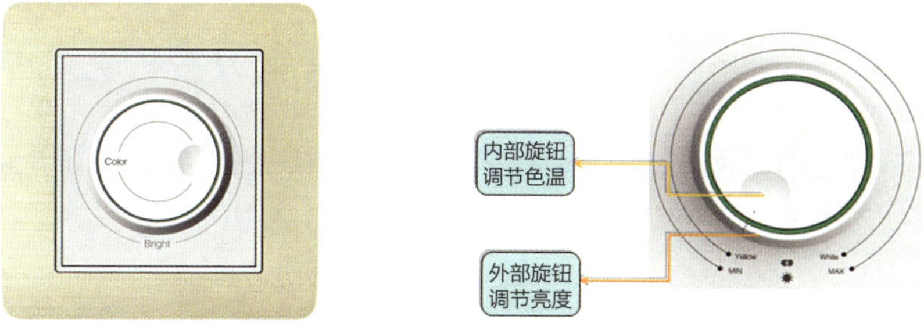

调光调色控制面板

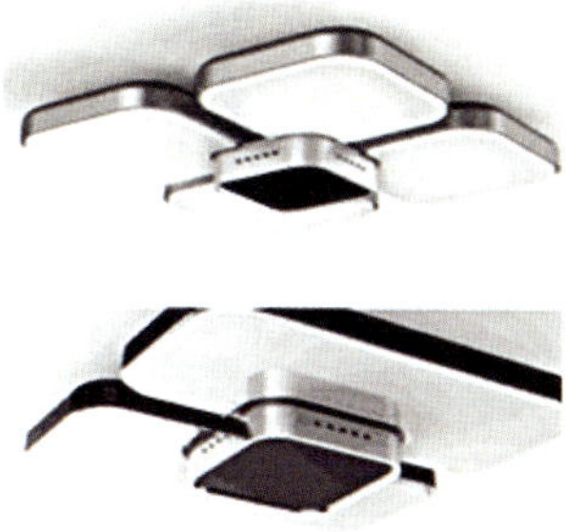

调光调色吸顶灯

调光调色球泡灯

调光调色蜡烛灯

调光调色筒灯

通过调光调色面板的旋钮可对灯具进行亮度和色温的调节，灯具的其他控制功能需要配合智能手机上的App来使用，可以控制灯具的开关通断、调节色温和亮度、设定工作时间。光源色温不同，光色也不同，一般客厅的照明需要多样化，既要有基本的照明，又要有重点的照明和比较有情趣的照明；餐厅的照明应将人们的注意力集中到餐桌，一般采用暖色调为宜，以真实再现食物色泽，引起食欲；卧室灯具的光源可采用中性令人放松的色调。从用户体验角度来讲，调光调色灯具可以根据场景的不同自动调整色温与亮度，用户也可按照自己的偏好来对灯具进行调节，以符合人们个性化的需求。

调光调色灯具及开关产品设计符合传统电工布线规范，支持原位替换开关面板和灯具，安装固定方式和传统面板灯具一样，接线图参见下图。

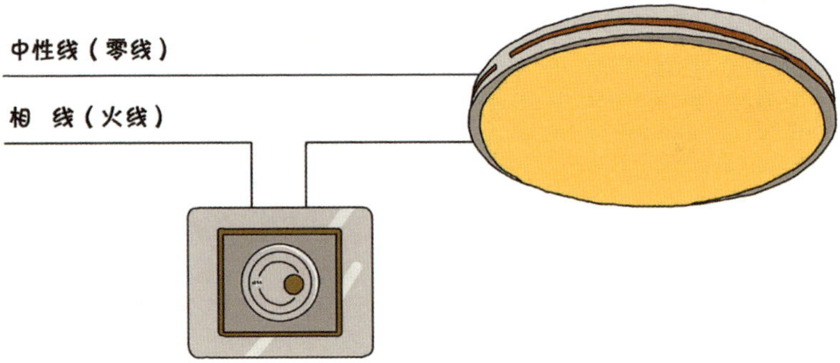

使用窍门

1）远程控制：不在家时也可以控制灯具的点亮和关闭。

2）本地控制：通过调光调色面板，采用旋转操作调光和调色，操作方式符合传统习惯。

3）灯光状态预设：可通过App预设点亮后灯具输出的亮度和色温。

智能家电

空调

空调包含三大系统：制冷制热系统、通风系统、电气控制系统。智能空调在传统空调的基础上增加了物联网通信模块，可以进行远程控制和模式设定。

智能空调可以对房间的温度、湿度、粉尘洁净度、噪声、能耗进行良好的感知、控制，营造舒适、良好的空气环境。

小知识

怎样使用空调更省电？

1）开启空调时，把温度设置在适中温度即可，不要太低或太高。

2）空调的滤网一定要经常清洗，如果长时间不清洁，很容易影响空调的制冷或制热效果。

3）空调在摆放上也要注意，尽量不要安置在日晒雨淋的地方，避免阳光直接照射，旁边不要摆放大件的家具，让出风口保持通畅，以免阻挡散热、增加耗电。

使用注意事项

1）空调的供电应尽可能使用单独一路空气开关，供电导线、熔丝（保险丝）都应符合有关规定。

2）空调的开机、停机都要使用开关，不要直接插拔电源插头。

3）使用空调器的室内不能放置有易燃、易爆、易挥发的气体，空调器应距其他家用电器1米远，以免相互干扰。

目前，各个空调厂商都会生产具备互联网功能的智能空调，用户在当地商场或电商平台上都可以购买，选购时可以通过“智能空调”“Wi-Fi联网”“手机App控制”“远程调控”等关键词或图标来辨别是否是智能空调。

热水器

热水器是现代家庭日常生活中的一种清洁器具，可以为家庭提供沐浴及洗刷等日常生活用热水。

目前市场上热水器品种主要有电热水器、太阳能热水器、燃气热水器。由于太阳能热水器的使用受天气原因的限制，使用范围有限；燃气热水器以天然气为燃料，不利于环境保护，因此电热水器越来越受到消费者的青睐。

目前市场上的电热水器有储水式电热水器和即热式电热水器两种，即热式电热水器功率较大，对电能表、电线的要求较高，通常需要对电路进行改造，限制了其在市场中的普及。储水式电热水器功率要求低，一般为1200～3000瓦，不必对家庭中原有的电能表及电线加以改造。现在市场上较为先进的储水式电热水器能实现按设定水温进行加热、上水停电、漏电保护、定时加热等功能。

智能热水器是在传统热水器的基础上增加无线通信模块和电能计量模块，实现热水器的智能控制和能效管理，用户可以使用手机客户端实现远程控制、预约定时烧水等功能。智能热水器能够准确记录用户的洗浴习惯，对热水器运行状况以及对用户用水习惯进行大数据分析，根据用户用水规律自动按时准备热水。例如：检测到机器一直在加热保温，但用户长时间没用热水，会主动询问是否不需要热水并建议关机。智能热水器支持智慧用电模式，可根据峰谷电价策略（仅在部分城市有此策略）自动运行，高效又省钱。智能热水器还具有温度、时间等参数的显示功能，及时发现漏电干烧等异常状况，发送报警指示。传统热水器也可以通过智能插座完成大部分智能化功能。

使用
注意事项

1）电源插座必须使用专用的墙壁插座，质量要可靠。电热水器安装在水喷淋不到的干燥位置，请勿用湿手插拔电源插头。

2）电热水器（储水式）要先注满水，再通电加热，如遇到水源压力下降或停水，最好关闭电源。

3）家中长期无人时关闭电热水器的进水阀门，并切断电源。

空气净化器

空气净化器是指能够吸附、分解或转化各种空气污染物（一般包括PM2.5、粉尘、花粉、异味、甲醛之类的装修污染、细菌、过敏原等），有效提高空气清洁度的产品。

空气净化器中有多种不同的技术和介质，使它能够向用户提供清洁和安全的空气。常用的空气净化技术有吸附技术、负（正）离子技术、催化技术、光触媒技术、超结构光矿化技术、高效过滤技术、静电集尘技术等。空气净化器采用的材料介质主要有光触媒、活性炭、合成纤维、高效过滤材料、负离子发生器等。现有的空气净化器大多为复合型，即同时采用了多种净化技术和材料介质。

使用
注意事项

1）应确保空气净化器底部放置平稳，摆放位置要干燥通风，需确保进、出风口通畅。尽量不要靠墙或家具摆放，最好摆放在房屋相对居中的位置。

2）避免在水源或挥发性易燃物品附近使用空气净化器，以防发生意外。

3）做好日常清理工作，每隔1～2周用吸尘器清洁一下滤网的表面。如净化器的信号指示灯亮起，则意味着集尘已满，需要及时拆洗、更换滤网。

新风系统

您知道吗？现代人类80%的时间是在室内度过的，所以室内空气质量的优劣直接影响着人们的健康，生命需要新鲜洁净的空气。但是，室内空气污染日益严重，装修材料、厨房油烟、人群活动、家用电器等都会成为室内空气的污染源，据国际卫生组织研究，许多疾病与室内空气污染相关，因此解决健康问题应从改善室内空气品质开始。

近几年雾霾现象明显，室外的空气质量同样令人担忧。有没有一种好的办法，能让人们在家中也随时可以享受到清新的空气呢？那么，您可以考虑在家中安装一套新风系统了。

室内空气质量由四大要素组成，分别是温度、湿度、新风量、洁净度。

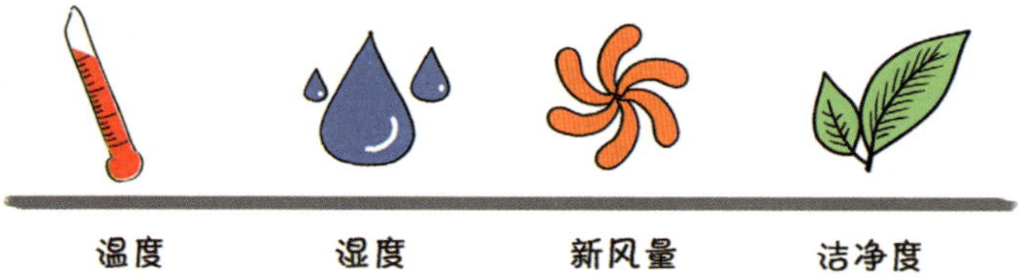

简单地说，新风系统就是利用新风主机、管道、排风口、送风口搭建的一整套系统设备。它将密闭环境下室内的污浊空气排出，同时将室外的新鲜空气送入室内，可以清除室内装修后长期缓释的有害气体，排除室内各种细菌、病毒，降低室内二氧化碳浓度，还能避免室内家具、衣物发霉。带有余热回收功能的新风系统，在将室内空气排出室外之前，可以回收空气中的热量，节省冬季的取暖费用。

新风系统原理

新风系统会配套安装消声分支器，达到设备运行时的超静音状态，减少对家人生活、休息的影响。按安装方式不同，可以分为中央管道新风系统和单体新风系统。

中央管道新风系统通过管道与新风主机连接，在厨房、卫生间装设排风机及排风管道等配套设施，在卧室、客厅装设进风口。排风机运转时，排出室内原有空气，使室内空气产生负压，室外新鲜空气在室内外空气压差的作用下，通过进风口进入室内，以此达到室内通风换气的目的。

单体新风系统是近几年新上市的新风系统产品，包括壁挂式新风系统、落地式新风系统两种产品。其主体结构与中央新风系统并无太大的区别，不同点在于单体新风系统不需要复杂管道工程，安装方式十分简单，无论装修前后都可以安装，后期的维护成本也十分低廉。

使用注意事项

1）可以在室内安装带有调节功能的送风口，通过墙壁上的新风系统控制面板，选择新风系统的工作模式以及设定送风量等参数。

2）可以通过新风系统配套的App，远程控制新风系统工作。

3）新风系统工作时，利用自身机制实现室内外空气的交换，交换的同时可以进行灭菌消毒以及热量的回收利用，因此，安装新风系统后应在关闭门窗的条件下使用，减少通过门窗进行的空气交换。

净水器

净水器也叫净水机、水过滤器，是按对水的使用要求对水质进行深度净化处理的小型水处理设备。平时所讲的净水器，一般是指家庭使用的小型过滤器。净水技术在饮用水领域的应用，使得“水土不服”的现象成为历史，解决了很多地方由于地下水中有害矿物质超标而造成的疾病。

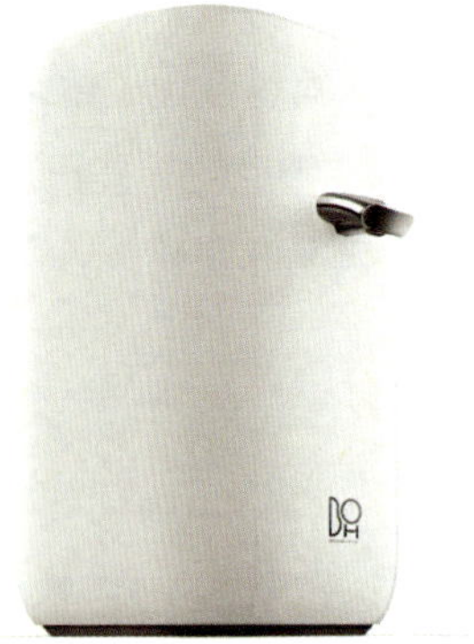

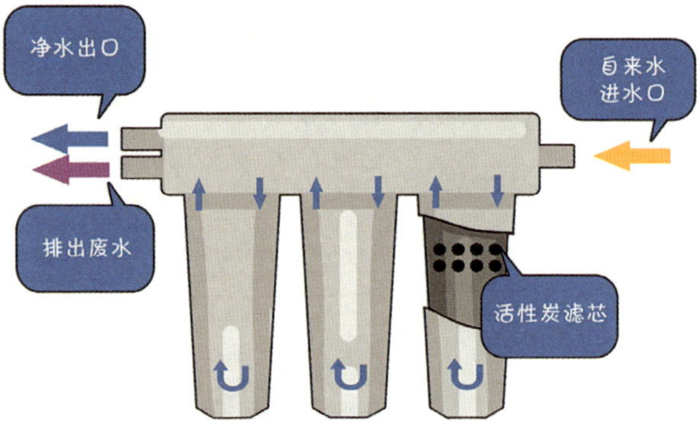

净水器滤芯工作原理

智能净水器在传统净水器的基础上增加了无线通信模块，可以实现智能化的控制，用户使用手机客户端就可以实现水质监测、滤芯更换提醒以及在线购买滤芯等功能。传统净水机需要定期更换滤芯，很可能滤芯寿命还没到就提前更换了，最糟糕的是您的用水量很大，实际上滤芯已经饱和但还未及时更换，导致喝不上达标的水。智能净水器具备完善的滤芯寿命监测功能，在滤芯寿命低于10%之后发送提醒信息，适时更换滤芯，保证饮水品质。

智能净水器每月给您推送水质与滤芯监测报告，您的饮水情况、水质和滤芯消耗进度可以随时在手机上进行查看。

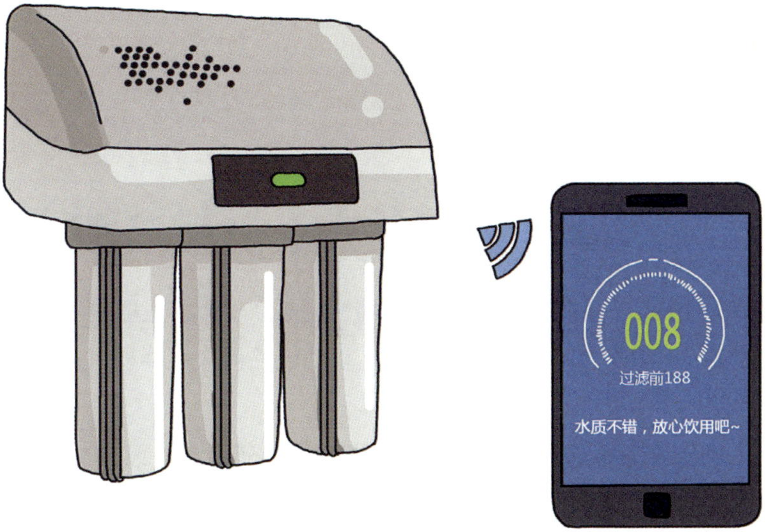

智能净水器

使用注意事项

1）净水机首次使用前应进行冲洗，否则会影响净水机性能和前期制水水质。超过三天不使用净水器，再次使用时应对净水器冲洗2～5分钟，直到净水器内的存水排尽为止。

2）净水器发生故障时请立即关闭自来水进水阀，切断净水器的进水，请勿自行拆卸。

3）净水器使用后应一直保持超滤膜滤芯处于湿润状态，如果超滤膜滤芯干化，会导致产水量急剧下降并且无法恢复。

家庭光伏

取之不尽的太阳能

太阳能是取之不尽、用之不竭的清洁能源。近30年来，太阳能利用技术在研究开发、商业化生产、市场开拓方面都获得了很大发展。

最常见太阳能的转换和利用方式有太阳能制热和太阳能发电两种。

太阳能制热是将太阳辐射能收集起来，以热能的形式加以利用，比如我们家中使用的太阳能热水器。

太阳能发电主要有两种形式，即光伏发电和光热发电，其中光伏发电所用的光电转换技术较成熟、应用最为广泛，它利用光生伏特效应原理将太阳能直接转换为电能。我们平时看到的一些建筑屋顶铺设的蓝色光伏电池板都是基于这种原理实现的。

光热发电是用太阳能集热器将所吸收的热能加热水并产生蒸汽，然后由蒸汽驱动汽轮机带动发电机发电。前一过程为光—热转换，后一过程为热—电转换。

采用太阳能光热发电技术，避免了昂贵的硅晶光电转换工艺，可以大大降低太阳能发电的成本。而且，这种形式的太阳能利用还有一个优势，即太阳能所烧热的水可以储存在巨大的容器中，在太阳落山后几个小时仍然能够带动汽轮机发电。

光伏发电

光伏发电的类型

光伏发电作为清洁能源发电技术，具有不消耗燃料、不受地域限制、规模灵活、安全可靠、维护简单等优点。但同时光伏发电存在功率波动大、能量密度低、受天气影响大、初始投资费用高等缺点。

光伏发电系统的建设规模非常灵活，既可以集中建设兆瓦级的大型光伏电站，也可以充分利用家庭屋顶面积建设3～10千瓦的分布式光伏系统。家庭分布式光伏系统可根据发出的电量是否并入电网，分为离网型光伏发电系统和并网型光伏发电系统。

光伏发电的类型

光伏发电系统

光伏发电系统的基本设备包括光伏电池组件、光伏方阵支架、直流汇流箱、逆变器、计量电表等设备。其运行模式是在太阳光的照射下，光伏电池组件阵列将太阳能转换输出电能，经过直流汇流箱集中送入逆变器，逆变成交流电供给建筑自身使用，多余或不足的电力通过连接电网来调节。

光伏电池组件

光伏电池组件具有特定的半导体结构，在太阳光照条件下就可以产生电流。起初这种电池主要应用于人造卫星，价格昂贵，如今随着成本的不断下降，其使用范围逐渐扩大。

硅型光伏电池可以分为单晶型、多晶型和非晶体型。这三种光伏电池的发电原理是相同的，只是在光电转化率、生产成本、使用寿命以及制造工艺方面有一定差别。单晶型和多晶型光伏电池为板状结构。非晶体型光伏电池则非常轻薄，所以也被称为薄膜型光伏电池，其具有良好的弱光性，在阴天情况下也可正常工作，它同时还具备一定的透光性，能够很好地与玻璃幕墙相融合，广泛应用于光伏建筑一体化。

单个太阳能电池产生的电压较低，为了获得较高的输出电压和较大容量，往往把多片太阳能电池连接在一起，形成光伏组件（也叫太阳能电池板）。在实际工程应用中通常把光伏组件纵横排列，以光伏阵列的形式进行安装。

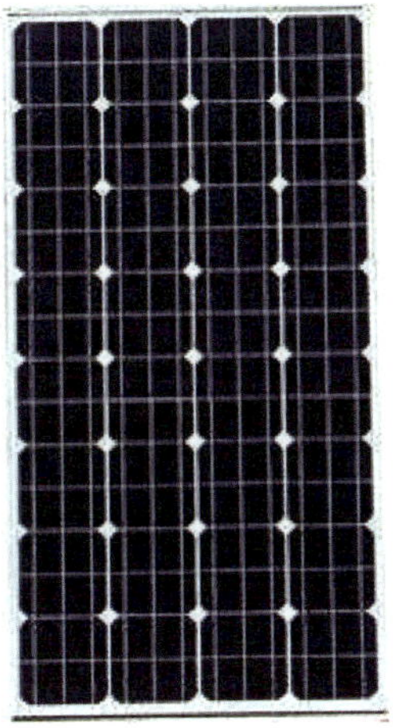
单晶型

多晶型

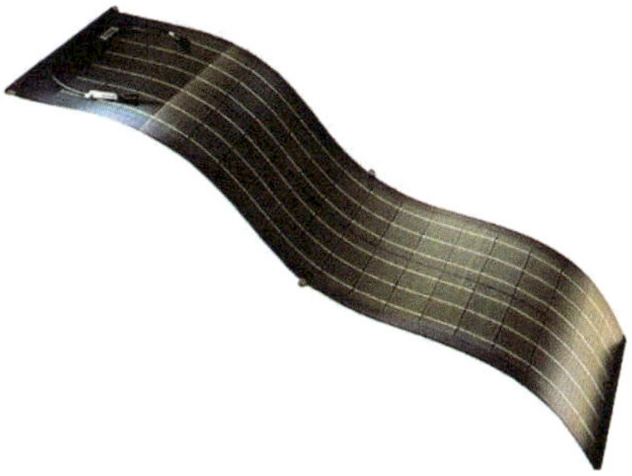
非晶体型

逆变器

逆变器是光伏发电系统的关键设备，其主要功能是将光伏组件发出的直流电逆变成交流电。逆变器具有较好的人机界面和监控通信功能，可由监控中心远端控制；配有合适的独立的交直流防雷元件，实现过电压保护；通过完善的并网保护功能，保证系统能够安全可靠地运行。

如何建设家庭光伏

近几年，我国光伏行业发展非常迅速。政府对光伏发电非常重视，国家实施“送电到乡”和“光明工程”等项目，解决偏远地区居民用电难的问题，家庭屋顶也可以办成私人的“小型电站”，向电网送电，获得收入。

如果您想在自家屋顶上建一套光伏发电系统，首先需要考虑家庭所在地的光照条件，一般来说，雨水较多的地区不太适合建设光伏系统。我国南方阳光照射较强，光伏系统发出的电能也相对较多。屋顶结构对于光伏系统的安装有较大影响，如果房屋较为老旧，还需要请专业人员评估屋顶的承重能力。建设光伏系统的容量需要综合考虑家中用电设备的负荷以及屋顶可用面积的大小，可以请具备相关经验和资质的企业负责完成光伏系统的设计与施工，如果光伏系统发出的电能需要并入电网，还需要到供电公司办理相关的并网手续。

通过合理设计光伏电池板的布局，建成后的光伏发电系统不仅不会影响建筑的美观，反而会成为一道靓丽的风景线。

小知识

家庭光伏是一个小型发电厂

以一套5千伏的家庭光伏发电系统为例，大约需要占用50米^{2}的屋顶面积，根据选用的光伏电池组件和逆变器的不同，整套光伏系统的造价在4万~5万元。系统每天可以发出20度电，按照光伏上网电价0.85元/度计算，每天可以获得17元收益，6~8年可以收回初期建设成本。整套系统的设计寿命可达15年以上，相当于自建了一个小型发电厂，每天都能向电网送电获得收益。

家庭储能装置

储能技术主要分为三大类，分别为物理储能（如抽水储能、压缩空气储能、飞轮储能等）、化学储能（如铅酸电池、氧化还原液流电池、钠硫电池、锂离子电池）和电磁储能（如超导电磁储能、超级电容器储能等）。

蓄电池储能主要是利用电池正负极的氧化还原反应进行充放电而达到电力存储和供应的目的，常用的是锂电池和铅酸电池，集中应用在可再生能源自发自用，抑制分布式能源的间歇性波动，微电网、电动汽车充换电等领域。

家庭用电主要集中在晚上，而光伏发电集中在白天，离网环境下怎样提高光伏电能的自发自用是人们普遍关注的问题，而储能技术恰恰是解决这个问题的核心环节。在与家用光伏发电系统配合使用时，白天光伏系统发出的电能首先供给家庭负荷使用，储能系统则将多余的电量存储起来。晚上光伏系统不再工作时，储能系统将白天存储的电能释放供给家庭使用，这样大大提高了光伏电能的利用率。

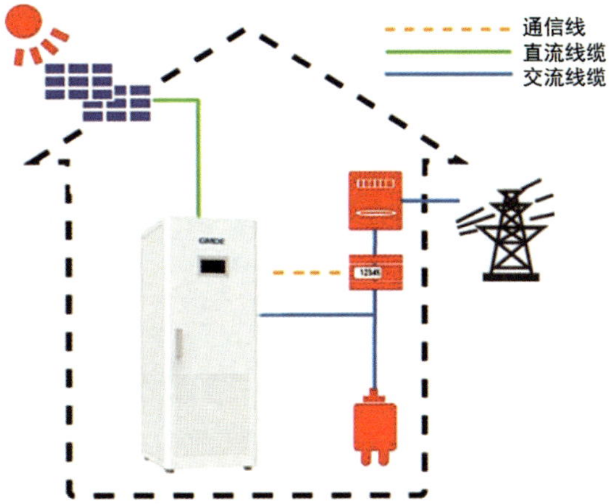

如果家庭还与电网联结，也可以考虑在合适的电价情况下合理使用储能装置，降低购电比例。

电动汽车

通常所说的电动汽车是指以车载电源为动力，用电机驱动车轮行驶的车辆。电动汽车从动力电源的角度分为纯电动汽车、混合动力汽车和燃料电池汽车。

纯电动汽车是指完全由可充电电池或超级电容提供动力源的汽车。

混合动力汽车是以燃油发动机与电动机作为组合动力，利用一定容量的电池，通过能量控制系统，提供车辆行驶动力的汽车。

燃料电池汽车是以燃料电池作为动力源，通过电化学反应将其中的化学能转化为电能而驱动车辆行驶的汽车。

电动汽车充电方式主要包括电缆充电、换电和无线充电三种方式。

- 电缆充电。是最常用的充电方式，通过电缆和汽车插座连接，进行直接充电，主要分为交流慢充和直流快充。

交流慢充：主要应用于有固定停车位家庭充电和办公场所的充电。充电时间较长，通常为8～10小时。

直流快充：主要应用于公共停车场、城际公路，或快速需要时的充电。充电时间为0.5～1小时。

- 换电。通过全自动或半自动机械设备，进行快速的电池更换。目前电池更换主要应用于商用车、出租车，电池更换需要2～10分钟。
- 无线充电。通常指非接触式的充电，目前还在研发中。

根据充电模式的不同，电动汽车上通常有直流快充和交流慢充两种不同接口，我国在2016年1月1日实行的国家标准中统一了国内新能源电动汽车的接口标准。

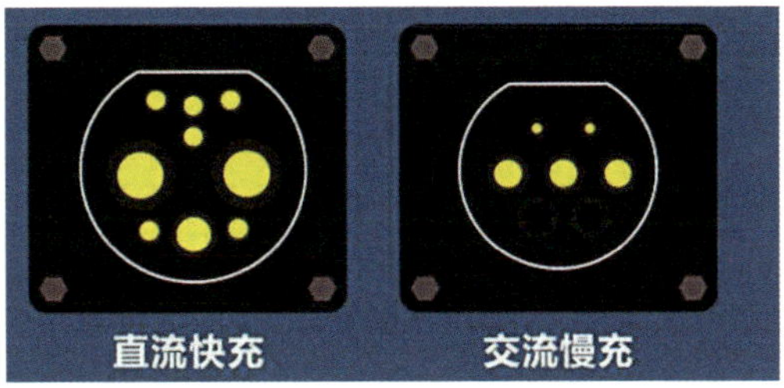

可以从充电接口的大小与孔数判断快充与慢充，快充接口在尺寸上比慢充接口大，孔数也更多一些。从充电桩线缆的粗细来看，快充比慢充线缆粗。

电动汽车在驾驶与保养方面应注意以下几点：

- 驾驶方面。尽量多的保持在经济时速（最省电时速），尽量不要大脚油门急加速，瞬间的速度提升将使电动汽车的耗电量迅速上升；减少不必要的车内物品，降低车身重量，可以有效增加电动汽车的续航；夏天或冬天驾驶电动汽车时，应注意协调分配空调与动力用电，避免空调长时间开启造成车辆续航严重下降。
- 电池保养方面。电动汽车长期不用时，应每隔一个月充一次电，将电池充满后存放；电动汽车严禁在阳光下暴晒，容易降低电池寿命。
- 轮胎保养方面。电动汽车宜使用低压胎（0.15～0.45兆帕），每两星期或至少每月查看一次轮胎气压，保证轮胎性能可靠。

另外，清洗过程中应注意避免水流入车体充电插座，清洗到动力电池部分时要谨慎，不要用水枪喷射电池。

充电桩

充电桩是为电动汽车动力电池充电的一种装置，类似于加油站里面的加油设备。充电桩可以固定在地面或墙壁，通常安装于公共建筑（公共楼宇、商场、公共停车场等）和居民小区停车场或充电站内。

目前建成的充电桩大致可分为交流慢充型和直流快充型。

交流充电桩的特点是输出功率较小，充电速度较慢，不带充电连接线。多建在住宅区停车场或者半公开的办公场所停车场，体积相对较小。

直流充电桩的特点是输出功率较大，充电速度快，自带充电连接线。多建在公共运营的停车场所或专门的充电站内，体积相对较大。

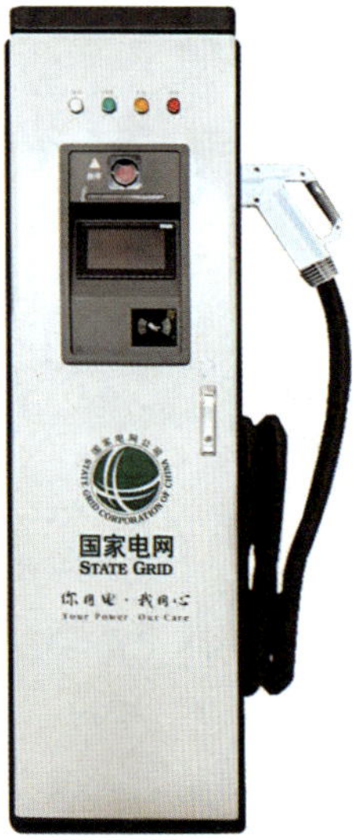

交流充电桩

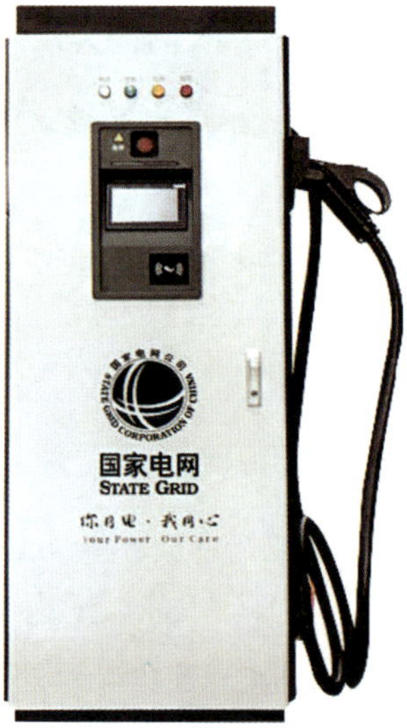

一体式直流充电桩

分体式直流充电桩

下面以交流充电桩为例，介绍其使用方法。

● 连接充电线：将充电连接线插入到电动汽车充电口中，再将充电连接线另一端插入充电桩的充电口，确保连接牢固。

● 刷卡充电：按照充电桩上的操作说明启动充电，通常是“刷卡→输入密码→选择充电方式→确认开始充电”4个步骤。充电方式一般分为“自动充电”“按电量充”“按时间充”和“按金额充”几种方式，您可根据自己的需要选择。过程中如果报错，需根据提示重新操作。

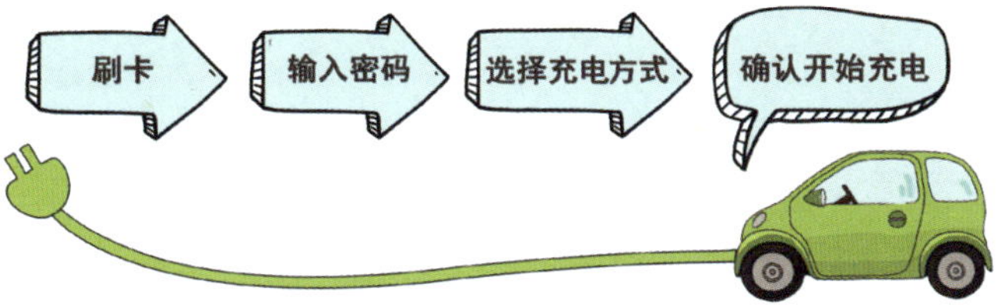

● 终止充电：一般情况下，电池充满后，充电桩会自动终止充电。但是如果您临时改变充电计划，就需要人工结束充电。人工终止充电只需要再次刷卡，点击结束充电即可。需要注意：某些充电桩自动终止充电的情况下，也需要刷卡结算后才可以拔掉充电连接线，否则充电卡会被冻结。

● 拔线：结束充电并结算完成后，一定要记得拔掉充电线缆，并将充电线缆收好。部分充电桩还支持手机移动支付，使用支付宝、微信等手机客户端软件扫描二维码可以很方便地完成充电付款操作。

索 引